CRAAAAAZY
CAT LOVER

ネコの吸い方

坂本美雨

MIU SAKAMOTO

ネコ吸い…

1

ネコとのスキンシップを伴うコミュニケーションの一種。愛情の交歓の行為。

2

ネコの体の様々な部位に顔をうずめ、心を無にし、深く呼吸をすること。

3

ネコ吸いを行う人のこと。

はじめに

「ネコ吸い」とは愛情の交歓行為。歓びを交換し合うこと、です。

愛しているネコへの、どうにもならない溢《あふ》れる気持ちを伝える行為です。幼い頃からネコと暮らしてきた私は、ごくごく自然に「ネコ吸い」に育ちました。

「吸う」という行為になったのも、ネコとひとつになりたいという願いからです。人間の体が酸素や水を必要とするように、私にはネコが必要なのです。


最初の章ではまず「ネコ吸い」の基本の手順と応用をご紹介したいと思います。とはいえ、本来、愛情を伝えるのに、マニュアルは必要ありませんし、ネコを好きな方、一緒に暮らしている方はごくごく自然にやってらっしゃることだと思います。この奇妙なタイトルの本を手に取ってくださっている時点で、「ネコ吸い？　当然毎日やってるよ」という方や、もう十分にネコの扱いを理解していらっしゃる方がほとんどだと思うのですが、それでもあえてマニュアル本と言わせていただくからには（？）、まず注意点に触れておかねばなりません。

この本の中で行われているネコの吸い方は〝サンプル〟です。モデルとなっている、著者の家族である「サバ美」はネコの中でも極端に吸われ上手、と言えます。そのため、写真のとおりにはいかないこともあるでしょう。ネコは1匹1匹、体も性格も違います。生まれつき吸われ上手な子もいれば、抱っこも触られることもニガテな子もいます。体の柔軟さや好きな体勢もそれぞれです。イヤがることは決してしないこと、強い力で行わないこと、を、どうぞお気をつけください。

また、正しいネコ吸いには日々のコミュニケーションと信頼関係が必要となるため、野良ネコや、ご自分の飼いネコ以外に「ネコ吸い」を試みる場合は、慎重に行ってください。相手のネコをよく観察し、やさしく撫で、語りかけ、どんな体勢がリラックスするのかを少しずつ教えてもらい、親密な「対話」を楽しんでください。

それでは、ようこそ、愛の溢れるネコ吸いの世界へ。

CONTENTS

吸い方マニュアル

ネコの正しい吸い方の
基本、教えます。

1　語りかけ、やさしく撫でる

「今、どんな気分？」「ちょっといいかな？」
そんな感じでうかがいながら、距離を縮めましょう。
もちろん相手から甘えてくる場合もあるでしょう。
このときすでにネコ吸いは始まっています。

2　仰向けにし、開く

そっと仰向けにして、
前足の付け根から
やさしく開きます。

3　吸う

失礼しますッ
アラ、ぐいっと
きたわねェ

ゆっくりと顔を近づけ、
毛に顔をうずめます。
心を無にし、深く吸い込む。
顔で、毛並みのやわらかさを堪能してください。

お花畑で寝っころがっているような、うっとりとした
気分に身を任せてください。このとき、念を込めすぎてはダメ。
悪いものを吸い取ってあげたい気持ちなど、
様々な感情が溢れてくるものですが、
それが相手にとって重荷になっては逆効果です。

「吸い」の瞬間には
無心になること
目指すのは、
透き通ったピュアな
愛情、です。

吸いパターン集

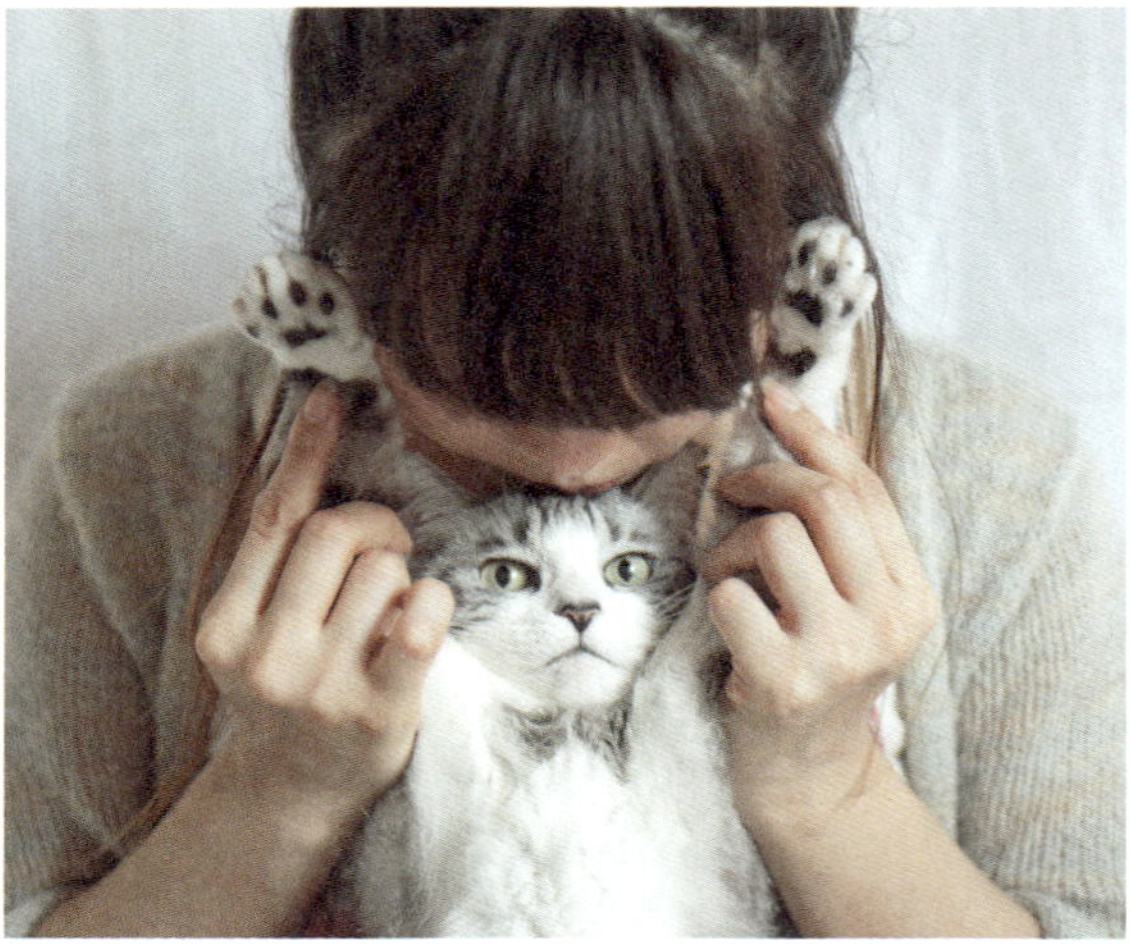

1 後頭部吸い

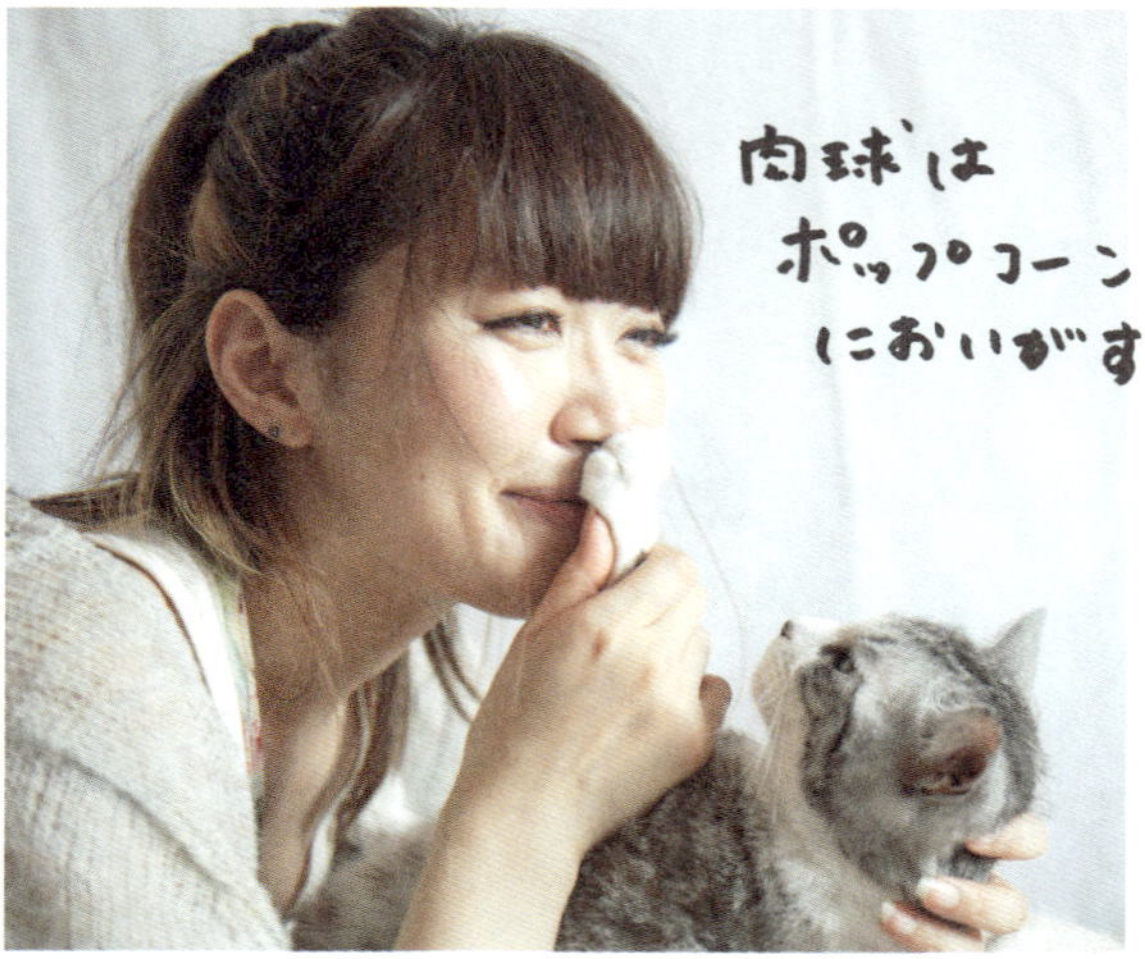
肉球は
ポップコーンの
においがするの…

2 肉球吸い

「ネコ吸い」は、基本的に自由形。お互いにとって、
より愛情を感じ合える「体位」を見つけてください。

3 マイケル吸い

マイケル・ジャクソンが
帽子に手を
添えるように

4 耳吸い

5

脇吸い

6

あご吸い

7

背中吸い

ツボがいっぱいある
背中は、
ついでに
マッサージも♡

8

持ち上げ吸い

運命の出逢い

ネコ吸い妖怪ができるまで

ネコ吸い妖怪の奇行（日常）

その1　朝の儀式

ネコ吸い妖怪は、いったいどんな毎日を過ごしているのか。
ネコ吸いの幼なじみであり、ネコ親戚の
ゆーないとさんにイラストにしてもらいました。

必殺
洗顔@サバ腹

サバ美がかわいすぎて
遅れます…

待ち合わせには
サバ美がかわいすぎて
遅刻をしてくる。

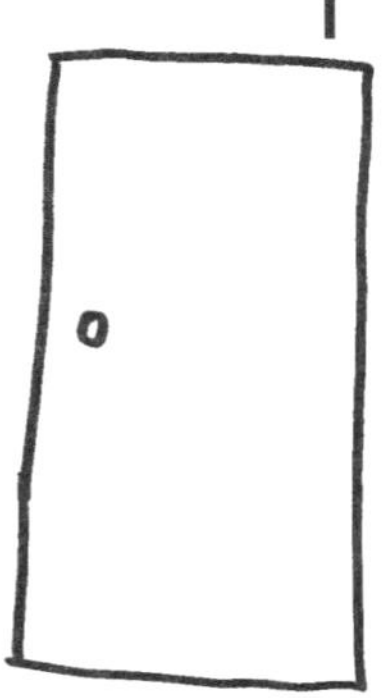

忘れものを取りに帰るたびに、

わたしが忘れたのは
サバのキッスじゃ〜。
吸わせろぉ〜〜。

……と、一騒動。

023

サバ美にヒトメボレ

物心がついた頃からネコと暮らし、共に育ってきた私は、もはや自分とネコの境目がよくわからないくらい、ネコと一緒にいる生活があたり前でした。なので、東京でひとり暮らしを始めたときは、ネコのいない生活なんて耐えられないと思っていたけれど、だからといって、実家のネコたちを差し置いて他のネコと暮らすのは、なんだか裏切りのような気がして、何年もずっと我慢していました。

そもそも当時は、東京に引っ越した、という意識はあまりなく、仕事をしていたらいつのまにか東京にひとりでいる時間が長くなって、という流れでのひとり暮らしだったので余計に、東京でネコを飼う、というのは、家族がいるにもかかわらず別の家族を作ってしまうようなことに思えたのです。そして、それはよくないと、里親募集のサイトを見てはヨダレを垂らしつつ、引き取り手を待つ数々のネコたちを見送っていました。

024

サイトに掲載されていた、ヒトメボレした写真

そんなこんなで、20代の荒波をなんとかくぐりぬけ、30代まであと1ヶ月となった2010年4月、運命の出逢いが訪れたのです。眠れぬ夜のネットサーフィンといえば、里親募集サイト。いつものようにぼんやり画面をスクロールしていたとき、白に灰色のしましま模様の、キリッとした瞳のネコが目に飛び込んできたのです。だいたいのネコの目はキリッとしているものだけれど、その子は特に凜《りん》とした表情をしていて、1枚の写真からでも何か訴えかけてくるものがありました。その子の名前は「サバ美」。体のしましま模様、〝サバ〟柄から、そう呼ばれているらしい。ちょっとヘンな名前、と思ったけれど、この配色、模様、上品な雰囲気と、どこか挑戦的ともとれる目つき……、まるで「タビちゃん」のようではないか！

タビちゃんは、私が子どもの頃に拾った、坂本家で初めての公式な飼いネコ。9歳のときに一緒にニューヨークに引っ越し、20年間を共に生きたタビちゃんは、私の心の中の特別な場所に棲んでいる、絶世の美女でした。そのタビちゃんに、サバ美はそっくりだったのです。しかも、サバ美は手足が白く、まるで手袋をして足袋

025

を履いているよう！　私はもし自分でネコを飼うことがあったら、手袋の子、と決めていました。もう一つの理由は、一番最近に亡くなった実家ネコ「ぷぅちゃん」が恋しかったから。

ぷぅちゃんは、ニューヨークに引っ越して5～6年経った頃に、双子の弟「チーズ」と一緒に坂本家にやってきました。もの静かで聡明なネコで、坂本家では「スパイだったが、たったひとりの家族であるチーズを守るために引退した」「ロシアで訓練を積んでいた」などとミステリアスな過去の憶測が飛んでいたほどです。まれに洗濯機の裏にそそくさと入っていくときは、母と「あ、国家機密が流れてきているのね」と噂し、「ぷぅちゃん～ヒミツ教えてぇ～～」と甘えてみるのですが、彼女はミッフィーのようにバッテンになった口を

ぷぅは姉らしく、チーズは弟らしく。本当に仲がいい姉弟だった

ぷぅのチーズへのやさしさ、穏やかな性格が忘れられなかった

026

固く閉じたまま。さすがスパイ！　口を割らない！　眼光鋭い！　革のキャットスーツに見える！　かなりむちむちだけど！　グラマラスってことで‼
……失礼、興奮して話が逸れました。

　とにかくぷぅちゃんは、弟のチーズにとてもやさしく、いつも毛繕《けづくろ》いをしてあげていたし、チーズからのお返し毛繕いが激しい甘嚙みに発展しても、辛抱強く耐えていた。そんな母性とミステリアスさが魅力的だったぷぅちゃんは、寿命にはまだ遠い年齢で（はっきりとはわからないままでしたが11歳ぐらいだったと思われます）リンパ腫を患い、闘病生活の末に亡くなりました。

　ネコは基本的にとてもやさしい動物だと思っているけれど、ぷぅちゃんほど穏やかで、慈《いつく》しむという言葉がぴったりな、不思議な母性を感じた子は初めてでした。

　前置きが長くなりましたが、そんなわけで、そんなタビちゃんとぷぅちゃんの雰囲気を併せ持ったサバ美に、直感で強烈な縁を感じたのでした。

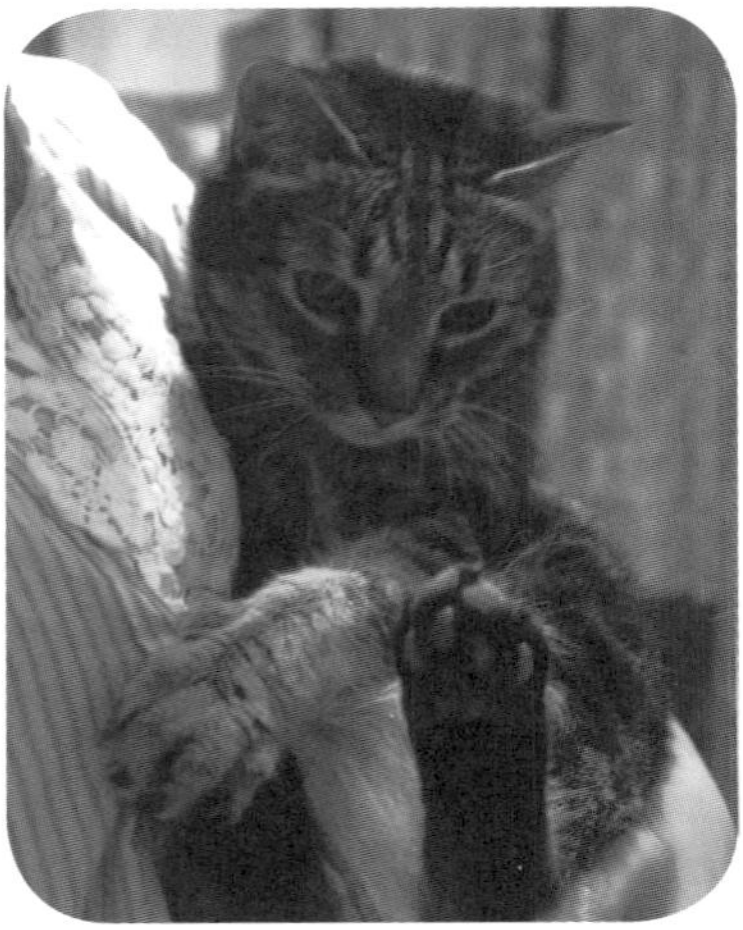

ずっと末っ子的な存在で、
少年顔のままだったチーズ

027

サバ美の出身

サバ美は、動物愛護団体「ちばわん」の保護ネコでした。里親募集ブログを読むとサバ美は、「大きな顔と短い足がチャームポイント、そして態度はデカく、主張が強く、甘ったれ」とのこと。彼女は、地域ネコ活動（野良ネコが増えすぎないよう、いったん捕獲し、不妊去勢手術を施して元のテリトリーに戻し、地域ボランティアによる世話のもとで野良ネコ生活を送ってもらうこと）の中で、3月28日に保護されたと書かれていました。左耳がカットされているのが、地域ネコの証（不妊手術が済んでいる印として麻酔が効いている間にカットされます）。そして私は、そのブログに書かれていた、保護に至るまでの経緯に強い衝撃を受けました。

ロープで木に……なんてことを……!! 信じられない。腹の底からフツフツと怒りが込み上げると同時に、そんなことをされてもサバ美がボランティアさんの呼びかけに駆け寄った、ということに驚きました。

通常、地域ネコ活動で野良ネコを捕まえる際は、餌《えさ》でおびき寄せ、バタンと自動で閉まる捕獲器を使います。それを、抱っこで捕獲できるなんて。人間から受けた

028

※「ちばわん」Iさんの里親募集ブログより抜粋

抱っこでの捕獲に至るまでにサバ美に会ったのはたったの１回。初めて会った時点で撫でさせてくれましたが、まさか２回目で身を委ねてくれるとは・・・^^;
しかも林の中にいたところを、名前を呼んだら駆け寄ってきてくれたんですよ〜。

サバ美はこの警戒心のなさから、ロープで木に縛り付けられるという悪戯（とは言えないですが）をされてしまったので、そのまま保護し新しい飼い主さんを探すことにしました。
不妊手術後の第一声は「ゴロゴロゴロゴロ……」だったサバ美。

そんなサバ美を終生そばに置き、日々愛しみ、一緒に過ごし、十数年後、いつかくるお別れのその時までずっと、サバ美の太くて短くてやさしい手を握っていてくださる飼い主さんを探しています。

029

ひどい虐待は、トラウマになって当然。それでもまだ人間を信じて身を預けたサバ美。そんなネコは、本当にまれです。おおらかなのか、忘れっぽいのか、許したのか。それとも何をされても人間のことがとにかく好きで仕方ないのか……。

傷つけられても心を開き続けたサバ美を、本当に尊《とおと》く思いました。人間同士なら絶対にこうはいかない。そして、ブログの文章の締めにあるとおり、この子のフカフカな白い手をずっと握って、この子がもう一生人間に裏切られることがないよう守り抜こう、そう決意しました。それからすぐにネットでサバ美に申し込みを入れ、団体の「一時預かりボランティア」(保護動物の新しい家族が見つかるまで家で一緒に暮らしながら世話をすること)のIさんと連絡を取り合い、「ねこ親会」(保護動物の新しい家族を募集し、面会する会。他の団体さんでは譲渡会や里親会と呼ばれることもある)を訪れることになりました。

2週間後、初めてサバ美に会ったときのとても複雑な緊張感は忘れられません。やっとあの子に

文通をしている人に初めて
対面するような気持ち。すごく緊張した

030

会える！　というドキドキ感、でも会ってしまったら引き返せない、その責任の大きさに重くなる足取り。サバ美とどうしても暮らしたいけれど、彼女が幸せになるなら自分とじゃなくてもいい。いやむしろ、もっと安定したよいご家族がサバ美との暮らしを熱望していて、団体さんがそちらを選んでくれないか、とも。そうやって、おそるおそるケージの中を覗き込むと、紅白のリボンを首に付けたサバ美は、強い目力とは裏腹な不安げな面持ちをしていました。

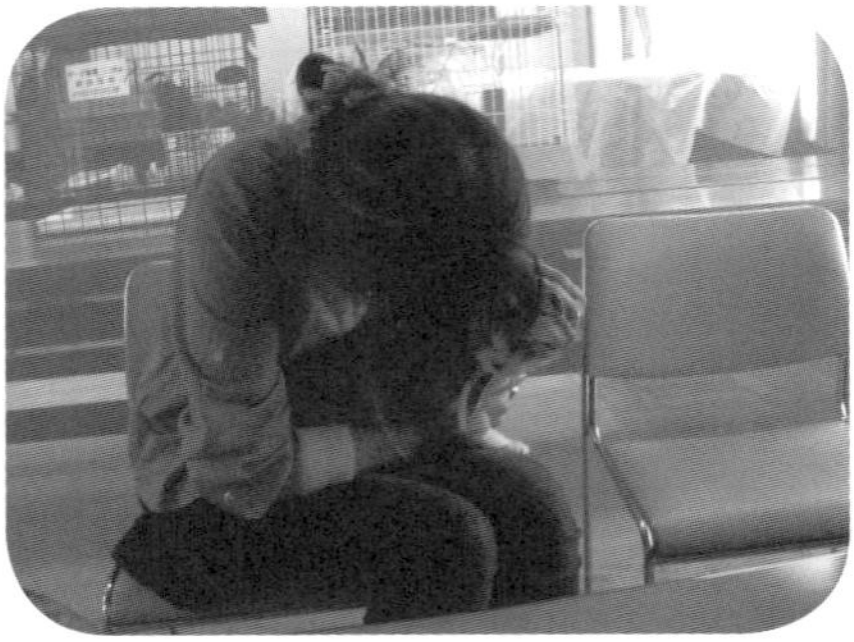

不安な気持ちのほうが強くて
「ねぇサバ美、私でいい……？」と何度も聞いた。
これが運命の出逢いだっていう印があればいいのに

サバ美を抱っこし、予想以上に女の子らしい華奢《きゃしゃ》な体を包みながら、小声で必死に話しかけました。

「ねぇサバ美、私でいい？　一緒に暮らしてもいい？　本当にうちでいい？」

自分が彼女にふさわしいのかどうか、彼女自身に決めてほしかった。すると、なんとサバ美は、私の目をまっすぐに見て、ニャー！　と返事をしたのです……などというようなミラクルは、もちろん起きないまま、しばらく彼女を抱きしめたあと、迷いをエイッと拭い、その場で正式に申し込みをしました。

未来はわからないけど、一緒に生きていく、とハラをくくった日。大好きな人に告白をしたような、「始まってしまった……」という覚悟のような。その日はどうやって帰ったのか、憶えていません。

031

背中を押してくれたネコ親戚、そして母の言葉

直感どおりに突き進んだように書きましたが、実は、最初に申し込みのメールを送ってから、ボランティアのIさんに確実なお返事のメールができるまで、2週間ほどかかったと思います。30代目前の女性の多くがそうであるように、仕事や恋愛での悩みから精神的に不安定になったり、〝独身の30代がネコと暮らすって……アレだよね〟的な定説も気になってはいました。そしてなにより、仕事で家を空けることが多いのに、世話をできるのか？　寂しくさせてしまわないか？　という点が一番の悩みでした。

032

でも、幼なじみのゆーないとに相談をしてみると「飼いなよ！　私も手伝うよ。いないときはお世話に行くし！」と言ってくれました。親友の千鶴も「美雨はネコがいたほうがいいよ、絶対！　私たちもいるし留守はなんとかなるよ！」と。その言葉に、そっか、頼っていいんだ、とホッとしました。

動物と暮らすのは、赤ちゃんが生まれるのと一緒……と言ったら、子育てで大変な思いをしているお母さん方に怒られるかもしれないけれど、家族が増えるという重みは同じ。ひとりで命を抱えずにみんなで育てればなんとかなる、そう思えただけで、肩の力がスッと抜けました。

親友たちがドーンと背中を押してくれなかったら、いつまでもウジウジしていたと思います。本当に感謝。あとの章でも触れますが、これがその後、さらにかけがえのない存在になっていく「ネコ親戚」の始まりです。

また私には、ふたつ引っかかることがありました。それは前述したように、実家のネコたちに悪い、そして私が東京で暮らし始めてからネコたちをひとりで世話し、つらい思いをして看取ってくれている母に申し訳ない、という気持ち。でも私も、ニンゲンとの結婚はまだだけど、もう自分の家族を築いていくべき年齢なんだ。そう思い、母にメールをしてみることにしました。「タビちゃんにそっくりな保護ネコと出逢ってしまって、忘れられないんだけど、どう思う？」と。

返事はごくシンプル。「いいんじゃない？」。どういう思いでの「いいんじゃない？」だったのかはわからないけど、背景に様々な含みが感じられ、私にとって頼もしいGOサインになりました。こうして、サバ美と暮らしていく決心がついたのです。

033

サバ美は私の憧れ

サバ美を迎え入れたのは、こどもの日、5月5日。すぐにベッドの下に潜り込んでしまうだろうな、と思ったら大間違い。キャリーから出ると、「はぁ〜疲れた！あらぁ、狭い部屋ねぇ。ま、いいわ。で、あたしの寝床、どこ？」と言わんばかりにパトロールして回ると、部屋のまんなかのラグにズカッ！　でゴロリ。さすが、神経がずぶと……いや、肝っ玉の据わったサバ美さん！

そう、名前はそのままサバ美にすることにしました。一応考えていた候補名は、

034

2010年5月5日、こどもの日。
うちに来た日のサバ美

ナンシー。幼い頃、時折うちに遊びに来ていたナンシー関さんのハッキリとした物言いが大好きで、サバ美の凛とした目つきにぴったりだと思ったから。あと、Sid&Nancyのナンシーのセクシーさもどことなく……。でも、最初はヘンだと思っていたけれど（笑）、彼女がボランティアさんに「サバ美」と呼ばれて駆け寄っていったのなら、それが彼女の名前。そう思い、サバ美と呼び続けることにしました。

届けに来てくれたボランティアのIさんたちが帰ると、サバ美はさらにのびのび。「まぁ、ここで寝てやってもいいわよ」とベッドの上を占拠。どこまでも姫気質……。でも、このおおらかさに、どれほど救われたことか。彼女は、もっといい暮らしを、もっと幸せを、と、外に求めることはしない。人間に猫生を振り回されても、自分の置かれた環境のもとで最大限心地よい場所を見つける。そして一度いいなと思ったら物おじせず、ど〜ん！　と身を投げ出すのです。

くり返すけれど、人間ではなかなかこうはいきません。家族や好きな人にだって、身を投げ出すのは難しい。自分が傷つかないように、守ったり、疑ったり、隠したり、かっこ悪いところを見せなかったり、もっと好かれるように駆け引きをしたりする。でも、サバ美は違う。堂々と自分をさらけ出し、目の前にいる人の善意を全力で信じる。あたり前にそうする。私のことをほとんど知らない初日から、ぐいぐい甘えてきてゴロゴロ喉を鳴らした。傷つけられても根に持たず、信じることをやめない。自分を開き続ける。こんなふうに生きたいと、私は思います。そう、初めて出逢ったときから、サバ美は私の憧れの女性。

035

ますます愛の生活へ♥

安心しきった姿で……というか、本当にこの子、野良ネコやれてたことがあるのか？　と疑わしいくらい、気づくと仰向けで大股を開いて床に転がっているサバ美。人間同士でも、心を開いてほしかったらまず自分が開かねばならない、とはよく聞くけれど、私たちの場合、サバ美が最初から心を開きっぱなしで飛び込んできてく

036

れたことで、私も無意識のうちに全開になっていました。サバ美に心を開きすぎて、いろんな臓器が溶け出したのだと思います。こんないい子が一緒に暮らしてくれるなんて、ラッキーとしか言いようがない。彼女に出逢ったことで、もう一生分のラッキーを使い果たしたかも、と、その頃はよく人に言っていました。

顔はほころび、恋愛や様々な悩みでキュッと縮こまっていた体が、温泉に浸かったようにほぐれていきました。友人たちも「美雨は、本当にサバちゃんが来てくれてよかった。すごく穏やかになったよね」（いろいろ心配する自分たちの荷が軽くなった、というニュアンスも込めて）と言ってくれるくらい、サバ美のおかげでかなり変化したようです。私にはもう、自分の家族がいる。大好きで、心底守りたいと思う命があり、自分もその子に信頼され、頼られている。こんなに幸せなことはありません。

サバ美と暮らし始めてからは、人に対しても、音楽に対しても、自分をさらけ出すのが怖くなくなったような気がします。もっともっと愛を注ぎたい。表現したい。そんな、日に日に濃密になっていくふたりきりの暮らしの中で、「ネコ吸い」は誕生しました。愛が膨らみすぎて、撫でたり一緒に眠ったり会話をしたりしているだ

037

けでは、この気持ちを伝えきれなくなったのです。

　そして、気づくと私は、公私共に「ネコ吸い妖怪」と呼ばれるようになったのです！……。

石黒亜矢子・特別寄稿　その1

酔っ払いネコ吸い

これは、美雨ちゃんのネコ吸い精神を賞賛した漫画です。ネコ吸いを続けていれば、ネコの間に口コミでその存在が広まり、ネコ界で有名になり、ネコのテレビも取材に来る。そうなるとネコのおねーちゃんにモテるわけですから、ついついハメを外してしまい、うちでは奥さんに怒られる……。どこの家庭も一緒ですね。（石黒亜矢子さん・談）

近頃巷で吸われると幸せになれるとウワサのネコ吸いさんですよね？
イヤ〜〜 まいったな 見つかっちゃったな
NEKO
ネコ吸いTV出演!?

キャー ネコ吸い様ー 吸って下さいー
ハイハイ 待って待って 順番順番
キャー
キャー

オオッ!! 吸われたネコがみんなとろけています!
ヨロヨロ
す…
ハーイ 一列にならんで

ねーえん 私も吸って下さる?
エーデ エーデ
いくらでも吸っちゃるデ
ズルーィ あたしもぉ
ヒック
ト
わたしが天下ごめんのネコ吸いさまですよっこと
フラ
フラ
ウェ〜ィ 亭主のお帰りだぞ〜
ガタ〜ン
ヒタ
水もって〜〜!!
あんた今何時だと思ってるんだい…
水くらい自分でくんできな…
ハイ…
スイマセ〜
END

サバ☆グラ

ナチュラルなサバ美、セクシーなサバ美……
未公開ショット満載グラビアを
お届けします。

写真／池田晶紀

パリ猫銀次、東京へいく
村上香住子
はげまして はげまされて
永沢君
さくらももこ
物物
どんぐり姉妹
工作図鑑
健康の味
猫語レッスン帖
OVER THE RAINBOW
LOVE YOU
GINZA
178
No.1805

MOULIN ROUGE
テクノカットにDCブランド
妖怪モノノケBOX
GATTI
SWITCH
SWITCH

ネコ親戚に囲まれ、幸せいっぱいなサバ美との結婚記念写真

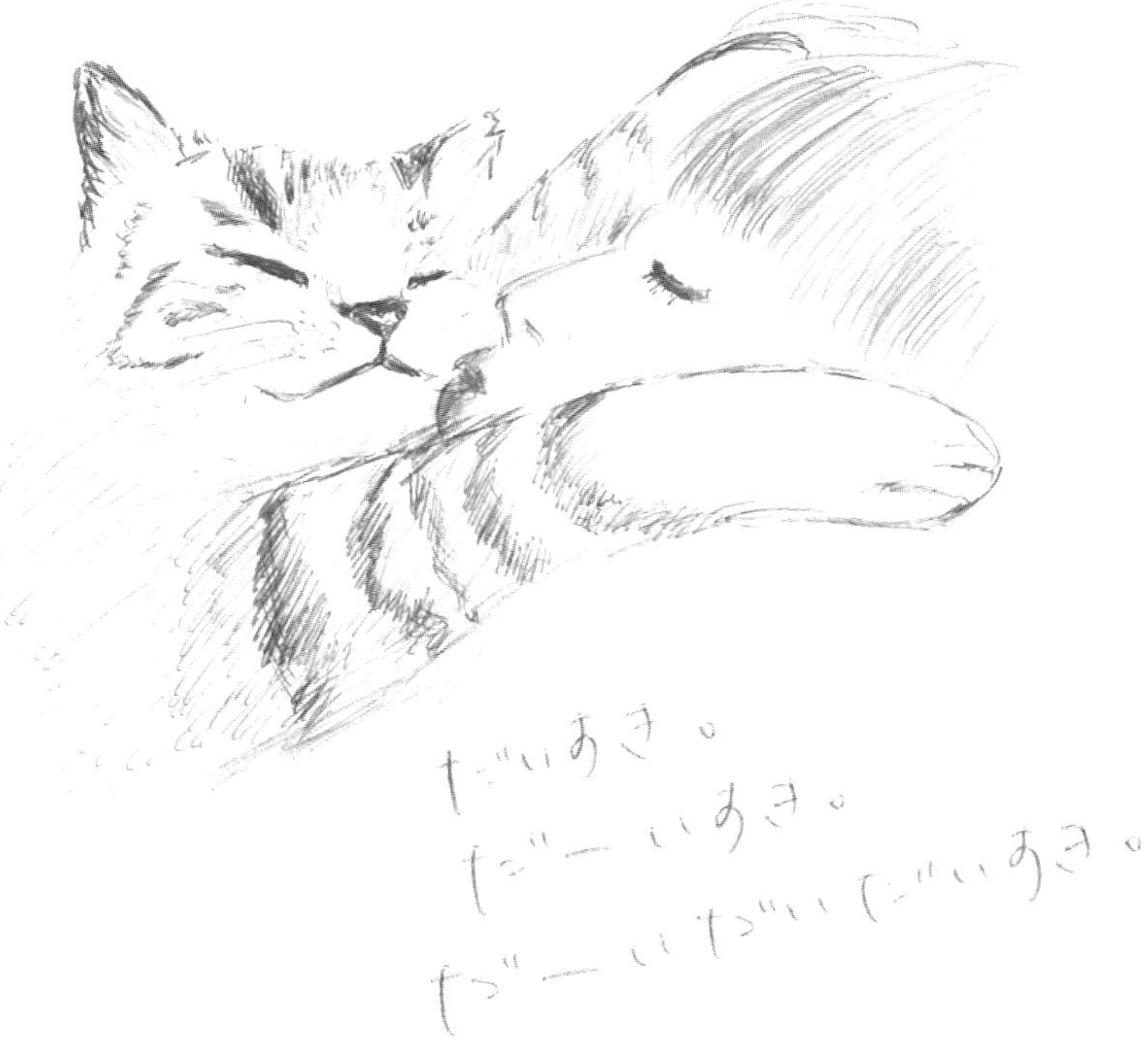
だいすき。
だーいすき。
だーいだいだいすき。

絵／坂本美雨

坂本家の
ネコ歴史

ネコ吸い
妖怪の
ルーツ

ネコ吸い妖怪の奇行（日常）
その2 仕事中

じゃるじゃるるる〜〜
ケイタイの画面にむかって
エア吸い。
ケイタイの画面を
エアなで。
サーバちゃんのことがぁ
好きすぎてぇぇ〜〜
早く帰ってきたよぉぉ♪
じゃるる〜
わたしの
本業って…。
飼いネコへの想いを
へんなダサいメロディに
のせて歌う。
歌手なのに。
サバ美ちゃん
いつも見てます♡
サバちゃんの
ファンです♡

061

ネコと坂本家

坂本家の歴史は、ネコと共にある。

自分の記憶を遡《さかのぼ》れる限り遡っても、いつの時代もネコがすぐ横にいる。人間の家族よりも、友達よりも親密に、あたり前に一緒に育っていた。

このネコ歴史を、1匹1匹のことを鮮明に思い出してみたいと、ニューヨークにいる母とSkypeでテレビ電話した。お互いの家のネコ、つまり実家のチーズと、うちのサバ美をそれぞれモニターに映し、Skypeデートをさせながら、私の記憶以前の坂本家のネコヒストリーについていろいろと聞いてみることにした。


坂本家に飼われた最初の生き物は「ネコ」と言うらしい。ネコ、という名の、犬。そう、うちにはネコという名前を付けられた犬がいました。

むぎゅーなふたり。この本の執筆中、
母がチーズを看取りました

062

私が生まれる前にうちにいた
「ネコ」という名の犬

ネコは、当時20歳だった母が、最初の嫁入りをしたときにどこからか来たらしい。かわいい顔の柴犬のような和犬だった。その家のベランダで飼わせてもらっていて、よく吠えて迷惑がられていたけれど、家の方々はやさしく面倒を見てくれたそうだ。その後、ネコは、私の兄である長男の風《ふう》太《た》が生まれてすぐ、フィラリアをわずらい亡くなってしまった。……それにしても、「ネコ！　ネコ！」と呼ばれ続けた犬のアイデンティティー・クライシスはどんなものだったのだろう。

余談ですが、かように変わった母のネーミングセンスは、ネコという犬にとどまらず、子どもにも向けられました。私の兄、風太も当時は珍しい名前だったけれど、さらに私が生まれたときには「風の次には雲が来る」と言って「雲子」の「雲」を音読みにして付けようとしていたらしい（声に出して読んでみてください）。

反対してくれた親戚のみなさん、どうもありがとう。ネーミングは、人生を大きく左右しますね。

063

高円寺時代

話は逸れましたが、なにより親に感謝したいことは、ネコ好きに育ててくれたことです。幼い頃は、家の中にこそネコはいなかったけれど、9歳まで住んでいた東京の高円寺という街は野良ネコが多く、あたりを歩けばネコに当たるような環境でした。

近所に数軒あったネコ屋敷の中で、推定17匹ほど飼っていたSさんちのネコたちとは特に親しくしていました。一番よく見かけたのは、その家の「大五郎」という大きな三毛ネコ。名前の響きにふさわしくドスンと構え、よく車の上でひなたぼっこをしていて、特に相手もしてくれない代わりに、近づいてもこっちを気に留めませんでした。

もう一軒のネコ屋敷は、少し小径《こみち》の奥まったところにある、Iさんの家。Iさんは、人づき合いの苦手そうな、いわゆる昔ながらのイメージの〝ネコおばさん〟だったため、子どもの私には近寄りがたかったけれど、母は時折話をしていたそう。Iさんの家は、誰もはっきりとはネコの数を把握していなかったけれど、ネコたち

064

が出入りするその廃屋のような家はなんともミステリアス。一度、父も連れ立って、家族揃っておそるおそる様子を見に行ったことがある。無人の小屋のドアを開けると、「……………キャン！ キャン！ キャン……………！」（映画「サイコ」の効果音を脳内再生させてご想像ください）。薄暗い部屋のまんなかにコタツがあり、その周りに浮かび上がる無数の光る目、目、目……！

Iさん、今はどうしているのだろう。あの家にいたネコたちの子孫は、まだいるのだろうか。

そんな野良ネコだらけの街の一角に棲む、毛並みは汚れてゴワゴワしてて目ヤニが出てるネコばかりだったけれど、一度も「汚いから触っちゃダメ」などとは言われた憶えがない。だから、高円寺のネコたちはみんな自分のネコ……とまではいかないけれど、どの子も友達になれると思っていたし、どんなネコも仲良くなりたい存在でした。来るもの拒まず、いやむしろ拒まれたとしても行く、オールウェルカムなネコ吸いのルーツです。

アシュラの定位置だった、高円寺の家の塀の上

065

父が建てたネコ小屋で眠るモドキ

俊敏なハンター、アシュラ

伝説のアシュラとモドキ

今でも坂本家の一員として心の中で特別に輝く、伝説のネコたちがいます。実家の中庭に出入りしていた、2匹の野良ネコ「アシュラ」と「モドキ」です。アシュラは、高円寺の家が完成してすぐに、中庭に現れました。もともと、家の脇にあったコンクリート塀が活動ルートだったようで、「そこはオレの道、オレの土地。誰の家が建とうと関係ねえぜ」という感じで、アシュラは坂本家の庭に出入りするようになりました。

ある日、母が出かける前に夕飯の準備を済ませ、アジの開きを焼いてキッチンに置いておいたことがありました。いざ帰ってきて食べようとキッチンに立つと、皿の上の魚が消えている！　ふと気配を感

066

じ、キッチンの上のほうにある窓をパッと見上げると、その向こうの塀から、恐ろしい形相をした白ブチネコがシャーーッ！　とこちらを威嚇《いかく》。そして、そのネコの足元には、脂がのったアジの開きが……。

漫画のように模範的な泥棒ネコエピソード。その形相の強烈さから、そのネコは「阿修羅」と名付けられ、坂本家では伝説のネコとなりました。彼が野良ネコのボスだったのか、一匹狼だったのかは定かではないけれど、とにかく群を抜いて強そうで、かつ動きが素早く、眼光鋭く、絶対に懐かない。そのわりには餌くれよ、とぐいぐい要求してくる。態度が大きくて、いくらネコの街といえどもこんなネコはうちしか面倒見ないだろう、と母は思ったらしい。そうしてアシュラは、飼いネコではないけれど「なんとなく坂本家のネコ」になりました。

ツチノコのようなモドキ、
それをマネしている兄・風太と私。82年頃

そして、もう1匹のネコ、モドキ。ある日、塀の上にアシュラが来てるなぁ、と思ったら、よく見るとどうも違う。アシュラよりだいぶ太っており、特にシャーーッ！　とすることもなく、ただじ

っとこちらを見ている。そのネコは、アシュラに似てるけどちょっと違う、という理由で「アシュラもどき」、略して「モドキ」と呼ばれるようになりました。あとからわかったことですが、近所では「デブリン」と呼ばれ、他の家でも餌をもらっていたらしい。

　ちなみに、父が作曲した「M.A.Y. IN THE BACKYARD」というタイトルの曲があるのですが、それは"Modoki, Ashura, Yanayatsu"の頭文字プラス、in the backyard（庭にいる）という意味。ヤナヤツ、って……。これまた、ネーミングセンスが光っていますね。きっと母ですね。

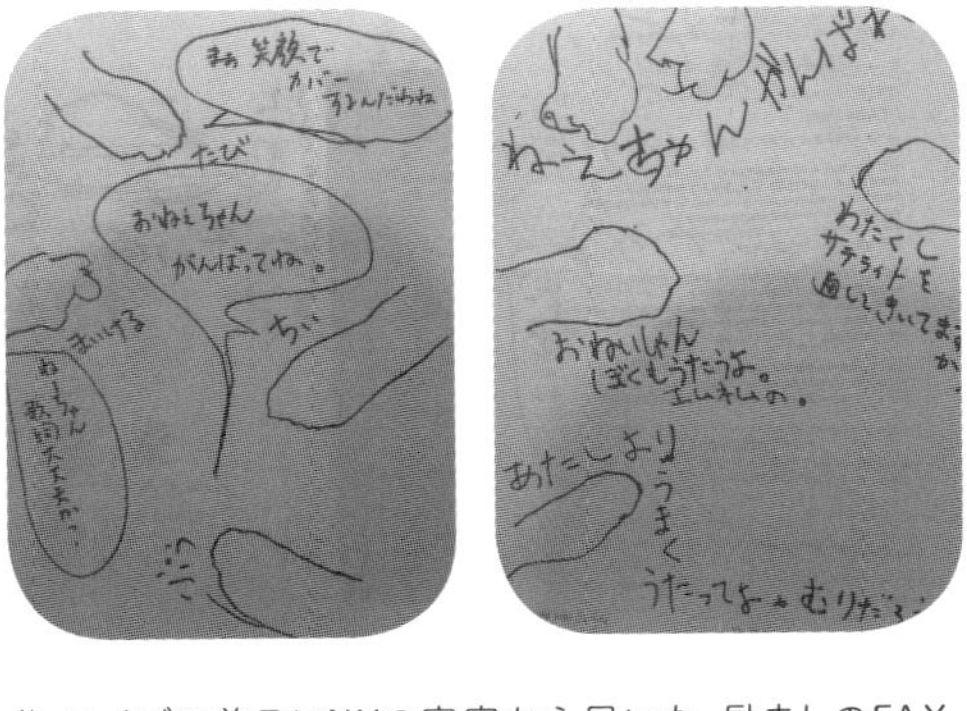

昔、ライブの前日にNYの実家から届いた、励ましのFAX。
4匹それぞれの手形と、メッセージ（を、母が代筆）

　アシュラとモドキは、決して仲良くはないけれど、付かず離れずの距離を保ちながら坂本家の庭を本拠地としていました。私は、2匹が常にライバル争いをしていたボス同士だと思っていたけれど、母によると、力が強いのはアシュラで、モドキは少し遠慮がちにしていたそう。2匹は自由に庭を出入りし、うちでご飯を食べる

068

こともあれば数日帰らないこともありました。かと思えば、父お手製のそれぞれのネコ小屋で並んで眠ることも（しかし、今思うと、父が木工でネコ小屋を作ったというのは信じがたい。不器用でDIYらしきことをしているのはあまり見たことがない）。小屋にカイロを入れてあげて、ぬくぬく眠る２匹の写真も残っています。それにしても、なぜ２匹のボス格の野良ネコたちはうちをホームグラウンドに選んでくれたのだろう。そういった図は、野良の世界ではあまり見かけない。あんなに強くたくましく、プライドのあるオスたちに選ばれた家だと思うと、なんだか自慢げな気分です。

そんなわけで、物心ついた頃にはすでにアシュラとモドキがそばにいました。「アシュちゃん」と「モドちゃん」という名前も、言葉が話せるように

私の枕はいつもマイケルに取られていた

大好きだった窓際でまどろむマイケル

なってすぐに憶えた気がします。アシュラは、私が2、3歳になる頃には、ボスとしての威厳にも少し陰りが見え始めていたけれど、それでも人間との関係を、なあなあにすることはありませんでした。ある冬の日、私が昼寝中のアシュちゃんに触ろうとすると、ギャッ！　と鉄拳を食らい、その鋭い爪がニットの手袋に引っかかって、そのまま脱げてしまったことがあります。私は「アシュちゃんにてぶくろとられた〜！」とわんわん泣いたそう。「老いてもニンゲンの子どもなんかにゃ負けるわけにいかないわよね」と、そのときのことを、母は少し誇らしげに話します。

美しい目をしてたタビちゃん

アシュラは、いつのまにか家に来なくなりました。ネコは死に際を見せないものなのよ、という概念が幼い私にはうまく理解できなかったけれど、「そういうものなのか……」と、ただ受け入れるしかありませんでした。

気がつけば、家の庭には、モドキだけ。そのうち、モドキの目ヤニがあまりにもひどいので獣医さんに連れていくと、猫エイズ（FIV）、白血病（FeLV）、

90年、ニューヨークの家で。
タビと教授

伝染性腹膜炎（FIP）と、ネコの難治性三大疾病を全部持っていることが発覚。それから、治療やケガの手当てで、獣医さんにも本当によくお世話になりました。「よくこんなの面倒見るねー」なんて言われながら。秋には落ち葉を集めたところをふかふかのベッドにして眠っているモドキを眺めるのが好きでした。

汚くて、ノミもいっぱいいたから家の中には入れないルールのはずだったけれど、庭に通じるドアを開けていると、いつのまにか入り込んでいて、冬は寒いからいいよね、というのが暗黙の了解でした。モドキは坂本家の一員でした。

070

タビちゃんとの出逢い、モドキとの別れ

071

そんな中、7歳のとき、タビちゃんに出逢いました。小学校への通学路の途中にある高円寺中央公園で発見した段ボールの中に、白と黒の2匹の子ネコ。学校が終わって、ダッシュで探しに行くと、もうその段ボールはなく、がっかりしながらの帰り道、隣のSさんの家の前を通りかかると、家の外で立ち話をしていたSさんの腕に、公園で見た小さな白い子ネコが！　それは、朝見つけた子ネコの片割れでした（黒いほうはすでにいなかったそう）。その頃、すでに17匹も抱えていたSさんの家では、さすがにもうネコを増やせないという。私は、家に飛んで帰り、母に「飼ってもいい？」。答えは、「お父さんに聞いてみなさい」……母的にはまんざらでもなさそうだ。

Sさんにそれを伝えて預かってもらい、その夜、今度は父に聞いてみた。答えは、「お母さんに聞いてみなさい」……決まった!!

こうして、坂本家初の「飼いネコ」がやってきました。名前は「タビちゃ

88年頃。お菓子を食べて真っ青なベロを出して、タビとじゃれ合う私

072

タビ、マイケル、チーズ、ぷぅの4匹の遺灰を、母と兄と私の3人の家でそれぞれ分骨。大切に持っています

母とタビのこういう昼寝の光景は、大事な記憶のひとコマ

ん」。母が決めたにしては、まともな名前。聖書の記述に出てくるタビタ（ギリシャ語でドルカス、かもしかの意味）という、とてもやさしく、町の人々にたいそう愛された女性に由来している。そんなふうに、誰からも愛される思いやりのある女性になってほしい、と名付けられたタビちゃんは、たいへん荒々しい一面を持つ、姫気質なネコに育っていくのでした。

一方で、今思えば「なんとなく坂本家のネコ」であるモドキは、その一部始終を庭から見ていたように思います。ガラス窓の向こう側、リビングルームの中で遊ぶ子ネコのタビちゃんを見て、どう思ったのだろう。それから少しして、モドキは姿を見せなくなりました。いつ頃からいなくなったのか、思い出せない。近所の

073

人たちと一緒になって探したけれど、ついにモドキは見つかりませんでした。

野良ネコとの別れは、ふいに訪れる。さようならは言えない。でも、モドキはやっぱり家族だったと思う。モドキのためのネコ小屋は、高円寺の家を引っ越すまで、そのまま庭に置いてありました。

あたらしい絆

ネコがつないだ縁

ネコ吸い妖怪の奇行（日常）
その３　遊びいろいろ

尋問。
…。
おまえ！
なんでそんなに
かわいいんだ！
答えろ！
ちくびを
探し当てる
あそび。
え〜！寝起きドッキリ？
おはよう
ございまぁ〜す。

077

ネコ親戚のこと

「ネコ親戚」とは、留守の際にネコの世話に行ったり、相談し合ったり、情報を交換し合ったりする仲間のこと。そして、大事な人生の友。

結成当時、私たちは全員独身で、出張や旅のときに面倒を見合えるような存在が必要でした。でも、留守中に鍵を預け、自由に出入りしてもらう、ということはよほど信頼している人でなくてはお願いできません。ある意味、血のつながった家族以上に心を許している存在かもしれません。ネコの話から個人的な話になり、相談したりされたりしているうちに絆が徐々に深まって、いつしかお互いを「ネコ親戚」と呼び合うようになりました。

愛するネコ親戚。右から、イシイさん、めぐちゃん、私、ゆーないと、くみちゃん

　そもそもの始まりは、幼なじみのゆーないとが、私が通っている「ランコントレ・ミグノン」という動物愛護団体に興味を持ってくれたこと。ゆーないとはもともと犬派でネコアレルギーでしたが、

078

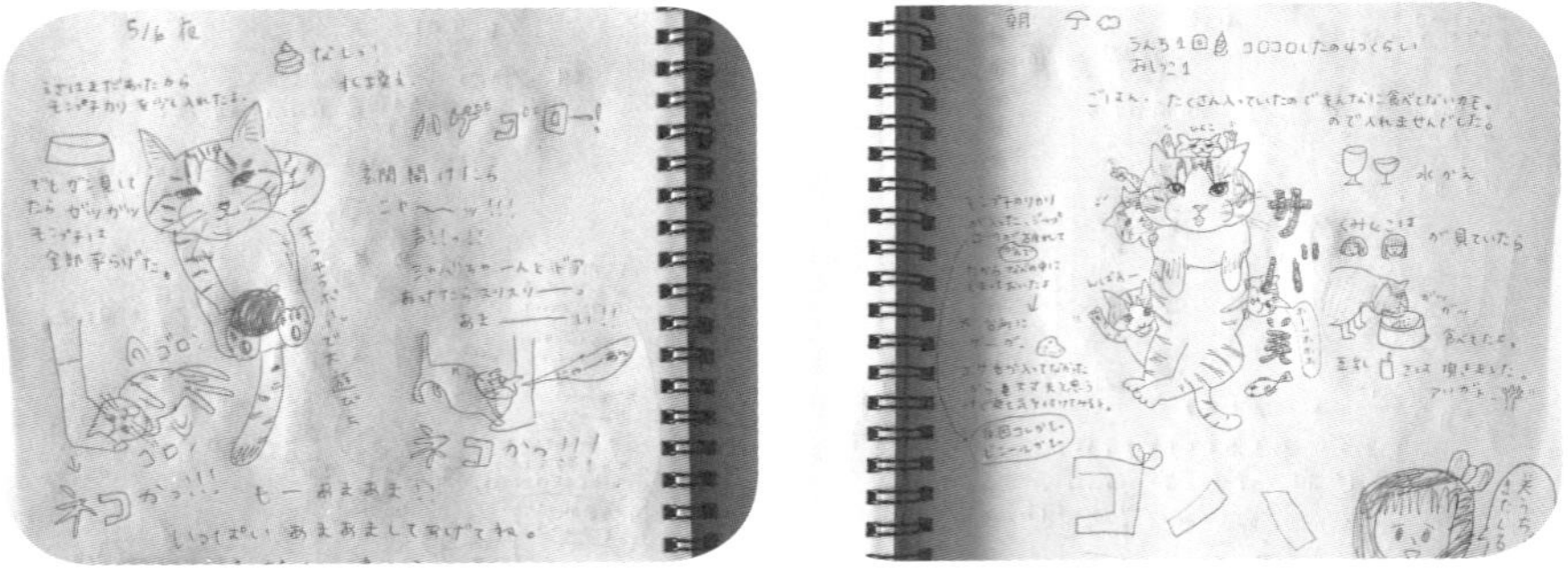

ネコ親戚が留守中に世話をしに来てくれたときのお世話ノート

ひょんなことから野良ネコを家に一晩置くことになり、それをきっかけに、ネコへの愛情が溢れ出してしまいました。そのネコは友達の家に引き取られていったのですが、その後ほとんどペットロス状態に。そんな彼女を見かねたミグノン代表の友森さんが「へんちゃん」というネコの預かりボランティアを勧めました。

へんちゃんは、どこから見ても〝なんかヘン〟だから、へんちゃん。スコティッシュフォールド、という情報に疑惑が生じるほど、目つきがヘンだし、なんだか平べったくてイタチのよう。そんなへんちゃんの写真を、ゆーないとのツイッターで見てヒトメボレ、即飼い主に名乗りを上げたのがイシイさん(独身、美術系編集者)。なんとそれまで、ネコを飼ったこともなければ飼いたいとも思っていなかったのだとか。

079

でも、その後の行動は早かった。数日後にはへんちゃんに会いにゆーないと宅を訪れ、すぐにペット可の物件に引っ越し、ミグノンから正式にへんちゃんを引き取ったのです。ネコ童貞とは思えない瞬発力に、周りは唖然。その頃、イシイさんのことを間接的にしか知らなかった私も「ネコを飼ったことのない人が急に、大丈夫？」と心配していました。でも、へんちゃんの新しい家にみんなで遊びに行くようになって、イシイさんとも仲良くなり、ふたりのオトコたちのいい距離感を見て、それは杞憂《きゆう》だったとわかりました。ふたりは出逢うべくして出逢ったのです。

さらに、ゆーないとのご近所さんで、渋谷で「SUNDAY ISSUE」というギャラリーをやっているめぐちゃんも、これまた独特なネコと暮らしているとの噂をキャッチ。ぜひ会いたいです!!　と頼み込み、初対面の彼女の家にズカズカあがり込んだ私。めぐちゃんの飼いネコ「コムタン」は白くてまるくて、雪見だいふくのようなスコティッシュフォールド。しかもコムタ

ネコ親戚ギャングスター・ステッカー。
左上から、コムタン、熱帯、亜熱帯、うし。
左下から、ミッツ、サバ美、おはぎ、へんちゃん

080

ン、なんと、スッと後ろ足で立ち上がるのです!……。それにしても、なんでこんなに個性的なネコばかり周りに集まるんだろう。あれ？　なんだか、サバ美がふつうすぎないか？（超絶かわいいことを除いては！）。

その後、ゆーないとは、「うし」と「海苔《のり》」という福島からやってきた被災ネコと出会い、預かりボランティア道を突き進むことになります。その経緯は、「ほぼ日刊イトイ新聞」の中のコンテンツ「2匹のねこがやってきて、去ってった。」でも連載していましたが、紆余曲折の末、海苔は元の飼い主のおばあちゃんが暮らすペット可の仮設住宅へ帰り、うしはゆーないとが正式に引き取ることになりました。そこへ「ミッツ」という福島からのネコもやってきて、ゆーないとは2匹のネコと暮らすことになります。

ミッツは、とても臆病で引きこもり。ゆーないと家へ行ってもほぼ姿を見せないため「幻のネコ」と呼んでいました。でも、震災から2年ほど経った頃、家族ではない私たちが家主の留守中にお世話に行っているときに、スッと姿を現してくれたのです。そのときはあまりの嬉しさで駆け寄って転げ回りたい気持ちをグッと抑え、彼女を刺激しないように平静を装いながら感動に震えたことを今でも思い出します。

081

動物は、変わるんだ。言葉が通じなくても、態度で示し続けることで、わかってくれる。時間はかかるかもしれないけど、味方なんだと本能でわかってくれたとき、心を開いてくれる。そんな姿を見せてくれると、本当に勇気が湧きます。ネコの一番尊敬できるところはそこかもしれない。何度裏切られても、怖い目にあっても、人間を信じようとする。サバ美も、野良時代に陰湿ないたずらを受けたけれど、人間を信じることをやめなかった。自分も、そんなふうにたくましく生きていきたい。

さらに、ネコ親戚にはくみちゃんというお母さんとその家族が加わります。黒ネコ「おはぎ」、旦那さん、そして小学生の娘のコハちゃん。ネコを子どものように面倒を見合ってきた親戚たちの中に、なんと人間の子どもも加わったのです。今、コハちゃんは立派なネコ吸い妖怪の後継者（！）としてぐんぐん成長しています。そんなコハちゃんの存在、そして私自身、結婚して人間の家族ができたことで、子どもを育てる、ということへの心持ちにも変化が出てきました。「ネコミュニティ」は広がっていきます。ネコと添い遂げる覚悟をした人々と関わることで、お互いの死生観までもが浮き彫りになり、かけがえのない家族との絆が強くなっていく。それはすべて、ネコが運んできてくれた〝人生の宝〟です。

Cat's ISSUE

@SUNDAY ISSUE（渋谷）
2013年5月2日～12日

会期中にはライブも開催。
歌詞にネコをしのばせて（替え歌）

会場内では、本の中のネコをテーマに
ブックセレクターによる選書と
アーティストによる作品がずらり

「The Cat's Whiskers」表紙は
三宅瑠人画伯による、へんちゃん

ネコ吸い、という言葉を
モチーフにした作品

大判の新聞は、広げた途端にネコが寄ってくると評判。
サバ美と私の結婚の誓いの言葉と、ふたりの拇印も

Cat's ISSUE POP-UP STORE

@新宿伊勢丹（新宿）

2014年2月19日～24日

Cat's ISSUEから
デザインを担当してくださった
岡本健さんによるDM

池田晶紀さんによるサバ美のポートレートが
どどーんと壁一面に！　感動……

ネットでみんなのネコを募集したところ、
数時間で2000匹以上の応募が……。
嬉しい悲鳴でした

ネコ新聞「The Cat's Whiskers」の
表紙が大きなドアに。たくさんの人の力で
素敵な店内になりました

「The Cat's Whiskers」の号外を発行。
特集記事の取材で、ネコ好きで有名な
秋田県知事にも会いに行きました

こうしてネコ親戚のつき合いが深まるうち、この自分たちの、ネコへの「偏愛」と「情熱」を、何か形にしたいと願うようになりました。自分たちは仕事上、様々なアーティストとのつながりも多い。めぐちゃんはギャラリーをやっている。イシイさんは編集者。じゃあ、展覧会ができるね！　あと新聞も作ろうよ！　ということになり、「Cat's ISSUE」という展覧会を行うことになりました。

サバ美と結婚

私はサバ美と結婚式をあげました。このCat's ISSUE展と並行して発刊したネコ好きによるネコ好きのための新聞「The Cat's Whiskers」にその様子が掲載されています（P54の写真）。

きっかけは、ある日ネットで見かけた記事です。シルクハットをかぶった正装の男性が、大きなリボンを付けた白黒ネコに熱烈なキスをしている写真。記事は、ドイツに住む男性が10年連れ添った愛猫セシリアと結婚式をあげたという話でした。セシリアはもう15歳でそう長くは生きられないから、思い切って踏み切ったそう。

085

もちろん法的には認められていないから、家族が同席し、結婚披露パーティを行ったとのこと。「これ、したい」。私は、すぐさまこの記事をネコ親戚たちに送りました。この結婚は、私にとって、ごく自然なことのように思えました。

私は「ネコが好き」という表現や、「愛猫のサバ美」という言葉では物足りないとずっと感じていました。自分のことなんかよりずっと大事で、この存在のことを一生愛し抜くつもりなんだ、っていうことを世の中に誓いたい！　と。人間同士が愛し合い、家族になることを誓うときには結婚という儀式がある。ならば、ネコとだって家族になる儀式があってもいいはず。そうやって、一生愛することを周りの大事な人たちに対しても誓いたい。そのくらいの覚悟で家族になったし、これは一時の恋なんかじゃない！　と私の中の情熱ラテン気質が暴れ始めたのです。

それからしばらくののち「The Cat's Whiskers」の制作会議（私は不在）で「グラビア記事は、坂本美雨とサバ美の結婚って決まったから」とイシイ編集長から連絡を受けました。さすがにそのと

サバ美との結婚の日のオフショット。
サバ美と、のちにオットとなった人と、私、の三角関係

きは、えっ紙面にするの？　と不安がよぎりましたが、ネコ親戚がみんなで見守ってくれるならこんな嬉しいことはないと思いました。

　ちょうどその頃「アウト×デラックス」という番組に出演しました。様々な分野の「アウト」な人たちがゲストに出て、マツコ・デラックスさんとナインティナインの矢部さんにツッコまれる、という番組です。私は堂々「ネコ吸い妖怪」として出演し、無事に（？）「アウトー！」認定を頂いたのですが、そのときにサバ美との結婚を控えていると伝えると、マツコさんに「あなた、やめなさいよ！　本当に人間のオトコとの縁がなくなるわよ！」と真剣に言われました。でも、実はそのとき、私は特別な人間とも出逢っていたのです。

相思相愛のふたり。オットもすっかり
ネコ吸いをマスターしています

　特別な人間、どちらかというと犬顔のその人との縁は、やはりネコが連れてきてくれました。「Cat's ISSUE」展は、小説の中に登場するネコをモチーフにアーティストがそのしおりを描く、というコンセプトで、彼は、その元となるネコの出てく

087

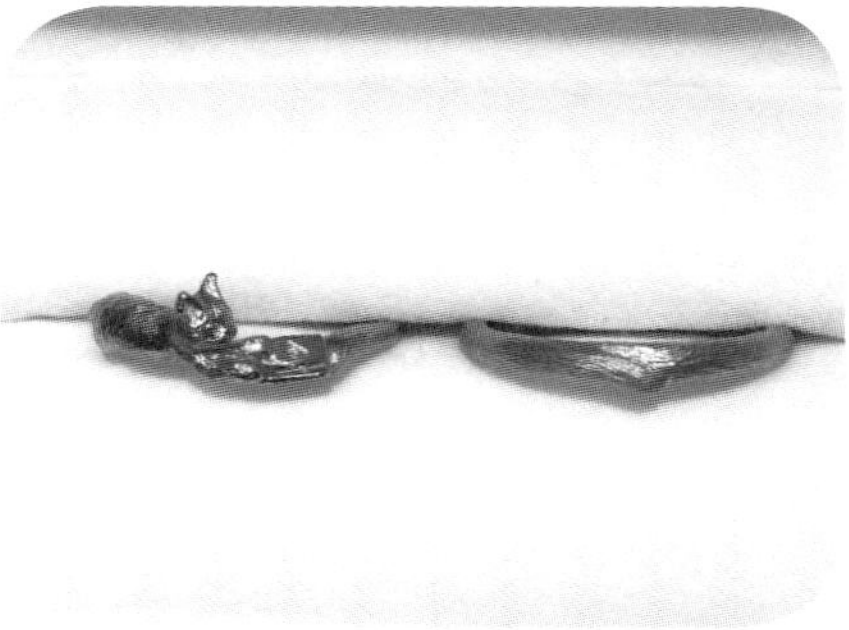

友人の「simmon」にオーダーした結婚指輪。オットが「本の人」なので、サバ美が本を読んでいるところ。本の中にはオットのイニシャル。オットのリングは、サバ美のシッポ

る本を選ぶ人として参加していました。ブックディレクターという、本を選ぶことが職業で、特にネコ好きではなかった人。あくまで選書のために呼ばれた、というスタンスで、私たちネコ親戚を遠巻きに見つつ、「俺はネコ関係じゃないんで」とハッキリ公言。そのくらい、〝ネコの人〟ではありませんでした(笑)。

展示の仕込みを行っていた日、ギャラリーに彼が入ってきた瞬間、ひと目で「この人だー！」とあたりがパッ！　とカーテンを開けたみたいに明るくなったような感じがしました（つくづく、ドラマティックな性格……）。それから親しくなると共に、彼は急速に「ネコの世界」へ引き込まれ……いや、引きずり込まれていったのです。私はこの「人間の人」と出逢ってすぐに、結婚するだろうなと思っていたのですが、そのときすでに決まっていたサバ美との結婚にも彼が参列するという不思議な展開に。あらためて考えると、つき合って数週間で、恋人とネコとの結婚をあたたかく見守ってくれる彼は、なんて懐の深い人なんでしょう。

088

ところで、不思議なことに、彼がパートナーとなってから、一時、サバ美と私の間に異変が起きました。サバ美が初めて「ネコ」になったのです。それまで女ふたりきりで濃密に暮らしてきて、私の日々の浮き沈みも受け止め、支えてくれていたサバ美の顔つきは人間のようで、悟った目をしていました。それが、ある日サバ美の顔を見たときに突然「あれ？　ネコみたい！」と思ったのです。「魔女の宅急便」のキキが、魔法が使えなくなった途端、ジジの言葉がわからなくなったように、サバ美の顔つきも声も、まるでふつうのネコのように思えたのでした。

今までの絆がなくなったわけじゃない、けれども、濃密さの種類が違う。驚き、涙が出ました。私には、大事な人が増えたのだということ。それをサバ美は悟ったのかもしれない。でも、もしかしたらこれでやっとふつうのネコに戻れる、とサバ美は解放されたのかもしれない、と。

そんな変化も、数ヶ月のうちに落ち着き、三角関係は色あいを変えながらもバランスのとれた三角を保ち、ふたりの人間とサバ美は一緒に暮らすようになりました。私とサバ美の濃密さは元のとおりですが、家の中に〝ただのネコ〟に戻れる相手がいることで、サバ美ものびのびしているようです。

089

もともと〝ネコ関係じゃない〟と言っていた彼もサバ美の魅力とネコ吸い妖怪の英才教育により、今ではもう、どっぷり〝ネコの人〟に。サバ美も彼に対して、私には見せないなんとも女らしい表情で甘えていて、そのたび、両方へのジェラシーと同時に、今までに味わったことのない幸せが体の底から湧き上がっています。

彼と出会って10ヶ月後の2014年3月1日、私たちは入籍しました（こんなネコ吸い妖怪を、本当に妻にしてくれたのです！……）。


その日の夜、母はツイッターでこう書いていました。

「息子が増えた」

「相手が猫でなくて、驚いている」

石黒亜矢子・特別寄稿　その2

おみまい

美雨ちゃんが入院すると聞いたときに、
おみまい代わりに描いたらくがき漫画です。サバ美と美雨ちゃんが
長くずっと会えないでいたら……と考えながら描いていたら、
いつもみたいにふざけた話にはできませんでした。
漫画のポイントはサバ美と美雨ちゃんの絆と
おみまいに来たネコたちの明るく役立たずな感じとコムタン
（一番大きなネコ、ネコ親戚めぐちゃんの飼いネコがモデル）
の深いやさしさです。（石黒亜矢子さん・談）

ドヤドヤ
つめトギ
……
ワイワイ
ガヤガヤ
…
ポン
END

愛護活動について

私ができること

ネコ吸い妖怪の奇行（日常）
その4　浮気タレコミ

飼い主の目の前で
レイプまがいに
ようしゃなく吸いまくる。
飼い主は、複雑な気分で
気まずくなり、目をそらしたり、
見ないフリをする。
他人の家のネコに
キスマークをつける。
他人の家のネコを
トイレに連れ込んで
用をたす。

095

FreePetsの始まり、ミグノンとの出会い

ある夜、ツイッター上で知り合いたちがこんなやりとりをしていました。「繁華街の、夜中まで経営しているペットショップはどうにかならないのだろうか?」。すぐに話題に飛びつきました。私も大反対! できるなら、みんなを解き放ちたい、と。高い値段がついていても、家族として大事にされない子たちも多い。生まれたばかりの子イヌ、子ネコたちをストレスの多い環境に置き「かわいい〜!」という軽い気持ちで売り買いできる社会はおかしいよ! と日頃の思いが溢れ出しました。その晩をきっかけに、同じ気持ちを抱く、様々なジャンルの仕事をしている人々による「FreePets〜ペットと呼ばれる動物たちの生命を考える会」(通称・ふりぺ)という有志の会が生まれました。

ペットや動物に関する現状をまず知って、発信していくこと。私たちに大きな歓びを与えてくれる動物たちの命にどう責任を持ったらいいか、みんなで考えること。人間も動物も幸せになれる社会を作ること。ふりぺは、そんなことを目指して誕生

096

しました。

しかし、ふりぺのメンバーの多くは、動物愛護に関しては完全なる素人。少し現状を調べただけでも事は複雑に絡み合っており、素人には簡単に触れられない仕組みもありそうな……。うぅぅん、でもまずは、法律だ。日本は動物に関する法律が曖昧だったり規定が緩かったりするので、まずは2012年の動物愛護法改正に向けて法律の改善したい点をあげ、署名を集める運動を始めました。

犬の散歩ができる！という下心で始めた、
毎週のお散歩ボランティア。
被災犬たちと転げ回って遊んだことも

その立ち上げからのメンバーのひとりが、現共同代表の渡辺眞子さん。動物愛護に詳しい作家さんで、『犬と、いのち』などの著書もある、頼れるお姉さんです。

眞子さんの紹介で入ったのが、ミグノンの友森玲子さんでした。ミグノン、正式には「社団法人ランコントレ・ミグノン」は、友森さんが代表を務める動物保護の団体で、東京都の動物愛護相談センター（いわゆる、保健所と呼ばれる場所）から犬猫を預かり、世話をして、病気の場合は治療して、新しい家族を見つける譲渡会

［ミグノンプラン］http://mignonplan.com

を開催。今まで多くの犬猫たちを新しい家族のもとへ送り出してきました。

2010年、ふりペメンバーの初顔合わせはミグノンのお店（トリミングサロン）。そこは驚きの場所でした。店内のケージに入った保護犬猫たちはみんな元気で、個性的。保護動物というと、寂しげな様子を想像していましたが、ここの子たちは全然かわいそうじゃない！　夕方になり、誰かが犬を散歩に連れ出しているのを見て、「ここのお手伝いすればお散歩できるのか……」と下心がムクムク。小さい頃からネコとしか暮らしていなかったので、犬のお散歩に憧れていたのです。その後ミグノンに通っているうちに「お散歩ボランティア」として週に一度、犬の散歩を任せてもらえるように。あとで聞くと、友森さんは「この子に犬を持たせて大丈夫か？」と内心不安だったようです。粘り勝ちでしょうか。こうしてボランティア人生が始まりました。

097

ボランティア

アメリカで暮らしていた頃、環境保全や動物愛護のボランティア活動はとても身近でした。ペットが欲しい場合も、ペットショップが周りにないので、まずはシェルターに行くのがあたり前。日本で暮らし始めて、そういう習慣がないことや、生きた動物を販売しているお店があまりに多いことに驚きました。犬猫たちが、数十万円で売買されている一方、殺処分数が年間20万頭を超えている（２０１０年の時点）ことにも愕然《がくぜん》としました。毎年処分数は減り、２０１１年には20万頭を切りましたが、それでも犬は5万頭、ネコは14万頭も。

ミグノンはそういった犬猫たちに新しい家族を見つける活動をしています。現在は犬猫それぞれのシェルターがあり、ボランティアさんが毎日交代で通ってお世話しています。また、「一時預かりボランティア」と呼ばれるボランティアさんの家で暮らしながら、家族を待つ子もいます。譲渡希望の人は、まず月2回開催される譲渡会を訪れ、犬猫たちに会います。そこでご縁があった場合は、審査のあと、お宅へ届けに行き、生活環境を確認したうえで「トライアル」を開始。数週間後、問題がなければ「正式譲渡」となります。こういった譲渡会を、

生まれたての頃から吸っていた、
ミグノン出身の「コウハイ」ちゃん

099

様々な愛護団体が開催しています。前で触れたように、サバ美も「ちばわん」という団体さんからやってきました。

反対に、飼い主が捨てたり、愛護センターに直接持ち込まれた動物たちの中には、殺処分になってしまう子たちも多くいます。病気や高齢のため捨てられたり、また、引っ越しや、増えすぎたから、という理由も。さらに、毎年多く生まれる子ネコたちも処分対象となっています。殺処分は、安楽死だと思われていますが実際はガスを用い、苦しむ場合も多いのが実情です。

そんな状況にもかかわらず、ペットショップに並べられる子どもは次々と生まれて……正確には、生まれさせられて、います。「ちっちゃくてカワイイ」が大事なペット業界では、生まれて数週間で親兄弟から離され、「市場」に出されます。離乳前に親兄弟から離された子は、免疫が弱くなったり、兄弟との遊びやケンカから学べる社会性も身につけられず、メンタル面でも不安定になりがちだといいます。

そんな子がショーケースに入れられ人の目にさらされ、やがて、誰かの家の子になってもしつけがうまくいかない、吠えるなどを理由に、結局捨てられることも。もちろん全部がこんな悪いケースばかりではなく、ペット業界にも本当にていねいに育てている方々はたくさんいます。でも、悲しいスパイラルが発生していることは、明らかです。

何が悪いんだろう。動物でお金儲けをする人？　政府？　法律？　自分が今まで何もしなかったこと？　何から変えればいいんだろう。やれていないことや、矛盾だらけ。きっとこの社会にいる限り、ずっとどこかで矛盾を抱える。それでもやりたいことは、目の前で苦しんで命を落とす存在があるならなんとか助けたい、ただそれだけ。全部に筋が通ってないと揚げ足を取られる、そんな風潮の世の中だけれど、矛盾があったら行動しちゃいけないとは思いません。常に自問自答しながらも、考えている間にも1匹でも幸せにできるなら、まず行動してみたい。

福島のSORAシェルターの子たちも
もちろん、吸い済み♡

ボランティア・ライフ。スパイス兄弟のこと

101

スクスク育った、3ヶ月の頃！

ある日、友森さんについて動物病院に行ったとき、たまたま保護ネコの出産に立ち会いました。未熟児で生まれた子ネコたちは危険な状態でしたが、こすってあたため、小さな口から人工呼吸をし（本当の意味での「ネコ吸い」がここで！）、4匹のうちの3匹は命をとりとめました。全員オス。3匹が生まれた病院の並びに美味しいカレー屋さんがあり、その晩もみんなで食べたことから、「スパイス兄弟」と呼ばれることになりました。

口周りに斑点があるのがダリ（画家のダリのヒゲから）。目の周りの模様が濃いのがキッス（バンド「KISS」のメイクから）。一番小さい美ネコがオポ（顔がオポッサム似）。

その日から友森さんは2～3時間おきの授乳に追われ、いつどこへ行くにもキッズをキャリーに入れて歩いていました。私の出演する舞台を見に来てくれたとき、上演中、子ネコたちをあたたかい楽屋に置いておくため「受付の人に預けてね」と伝言してきました。すると、風呂敷に包まれたキャリーが差し入れだと勘違いされ、お菓子と一緒に並べられていて大笑いしたことも。

102

スパイス兄弟の生まれた夜。
未熟児で、3匹全員手の平に
乗せられるくらい小さかった

そんな献身的な子育てのおかげで、ぐんぐんと成長する3匹。私も素人ながらたまに授乳や排泄を手伝わせてもらい、もちろん隙を見て3匹の目が開く前から吸いまくり。

　それから1ヶ月半が経った頃、突然、スパイス兄弟がうちにやってくることになりました。他のネコに感染症が出た可能性があるから、急いで隔離したい、と。次の朝にスパイス兄弟はやってきました。預かりボランティアをやる心の準備も、サバ美とうまくやっていけるか心配する間もないうちに。

　急に始まった一時預かりボランティア・ライフは、不安と、吸いの歓びでいっぱいで、仕事中も気が気じゃなく、飛んで帰る日々。基本は大きなケージの中に入れて、家に帰ると廊下に出して遊ばせ、スパイス兄弟とサバ美が顔を合わせないように、慎重に過ごしていました。でも活発な怪獣たちは、ドアが開いた隙にサバ美のいる部屋へ飛び出していくように。心配だったけれど、もしかしたらサバ美の母性

103

のカケラが発動するかも？……なんて期待もあり、見守った結果、当然のシャーー！　それでも物おじしないスパイス兄弟は、サバ美のいるベッドの上をどんどん侵略。たまにサバ美の教育的鉄拳が飛びながらも、少しずつ縮まる距離。彼女の懐の深さに感謝する毎日でした。

　生まれたときから吸われていた3兄弟は、免疫が強くなったのか（科学的根拠はナシ）、とても健康で、おおらかな性格に育っていきました。そんな彼らとサバ美とネコ吸い妖怪の濃密な夏が過ぎ、子ネコたちは5ヶ月齢に。私は仕事で2週間家を空けることになり、そのタイミングでスパイス兄弟は友森家に戻り、こうして3ヶ月半の甘美な子ネコ吸いの日々は終わりました。その後、オポは先住ネコのいるお宅に、ダリとキッスは知り合いのご夫婦の家族になりました。めでたくみんなに本当の家族が現れ、そのうち2匹はいつでも吸いに行ける！　という幸せな展開。3兄弟と共に過ごし、送り出したことは、私とサバ美にとって、大きな出来事でした。

ボランティア中は隙を見て犬もネコも吸う。
ミグノンのネコたちを
3匹いっきに欲ばっているところ

104

犬猫に関して、大きな課題がまだまだあります。東日本大震災と原発事故による被災動物の問題もいまだ山積み。このことは、私の周りの人々の人生も、ガラリと変えてしまいました。その人たちの努力を見るといつも、無力さにへこんでいる場合じゃない！　と勇気づけられます。

そして、FreePetsとして、ミグノンのボランティアとして、個人として、やっていきたいことは増えていきます。FreePetsとしては、小学校で授業をする「命の教室」など、教育に力を入れていきたいと考えています。5年後、10年後の犬猫の状況がどう変わっていくかは、今の子どもたちにもかかっている。動物を大切にする気持ちを一緒に育んでいけたらと願います。

ミグノン・ボランティアとしても、友森さんと一緒に、楽しんで活動をしていきたいです。そして近い将来、サバ美の後輩も家族に迎えられたら……とニマニマしています。いつも、何かやれることが目の前にあり、大好きな犬猫の目がこっちを見ている。すべては、その目に導かれること、という気がしています。

おまけ

坂本美雨（ネコ吸い妖怪）×石黒亜矢子（妖怪絵師）スペシャル対談

妖怪絵師、絵描きとして活躍する石黒亜矢子さん。ツイッターなどでやりとりをする中で、サバ美をイラスト化してくれました。イラストの中で、サバ美はなんと熟女キャラに……！

自分たちのネコで遊びまくる。「みんな自分のネコが一番」

石　初めてやりとりをしたのは、ツイッターだよね。美雨ちゃんが『よん＆むー』（※1）を読んで、「よんすけがうちのネコに似てて感情移入する」とツイートしてくれたのに返信したのがきっかけかな。

美　……全然憶えてない（笑）。

石　（笑）。そういうヴァーチャルでのやりとりもありつつ、実際に初めて会ったのは「Cat's ISSUE」（P82）のときだよね。

美　そうそう。そこで初めて「よん&むーのお母さんだ！」ってしゃべって。だから、知り合って1年くらい？　そんなに経ってないんだね。

石　もうだいぶ長いつき合いのような気がするよね。最近はインスタとかで頻繁にやりとりしてたし。

美　勝手にお互いのネコ写真を加工したり、ひどい絵にしたりね（笑）。

石　自分たちのネコで遊びまくってるよね。

美　ほんとはお互いのネコが好きでしょうがないんです、みんな。

石　そうそう、一貫してるのはみんな自分のネコがかわいくて、人のネコは愛情表現として、ののしる（笑）。この界隈ではネコかわいがりをすると、図々しいって言われるんです。知り合ったばかりの頃はほめるんだけど、慣れてくるとだんだん欠点を見つけ合って……。

美　そうやっていじり合うのが楽しいんだよね。

石　だから、サバ美のイラストを描くようになったのも、そういういじり合いの延長で。ひとくちにネコの絵といっても、相手のことを知らないと描けないんですよ。誰でも描けるわけじゃなくて、飼い主と仲良くなって、飼い主のことも知らないとネコは描けない。

美　ただネコを描くのがうまいだけじゃなくて、そこから想像力というか、ちゃんとキャラ立ちさせてひとり歩きさせてくれるのが、亜矢子さんならでは。

これがウワサのビキニ姿

石　ひどいけどね（笑）。サバ美なんか熟女キャラになってるし。サバ美はうちの「てんまる」や「とんいち」（※2）よりトシだし、って熟女キャラにしたんだけど、ちょっと小悪魔な感じの眼差しで……なんていうか、美魔女だよね。

美　超ツンデレな熟女（笑）。で、イラストのサバ美が着てるビキニは、私がプロポーズしたあとに初めてプレゼントしたビキニだということが最近、判明しました（笑）。

石　いっつもあのビキニなんだよね。

だから一度も洗ってないの（笑）。いばってるけど意外と一途なヤツなんです。

ネコ好きにはわかる。
「ネコはお吸い物です」

石　ところで、美雨ちゃんがネコを吸い出したのはいつからなの？

美　そういう行為自体は物心ついた頃からずっと無意識にやってたんだけど、ネコ吸いって言葉を使ったのは2011年ぐらいかな。「ネコはお吸い物です」ってツイートしたのが最初。

これも吸いの一種です

石　「カレーは飲み物です」みたいな（笑）。

美　そうそう、それと一緒に今ツイッターのアイコンで使ってる絵を久保ミツロウさん（※3）が描いてくれて。

石　お吸い物ですって言われても、ネコ飼ってない人だと「？」と思うかもしれないけど、私はわかる！　ってすぐ思った。たしかにおなかに顔付けて深呼吸するよね。ネコ飼ってる人はたぶん、家に帰ったらあたり前にやってると思う。オスネコだと股間の周辺を嗅ぐのが好き……変態だね（笑）。

美　でも、ネコ吸いってたんに匂いを嗅いでるだけでもないんだよね。こないだ、おじいちゃんと叔父さんに会いに久々に青森に行って、ふたりともネコ飼ってるんだけど、なにげない会話の中で、いわゆるネコ吸い行為を「その子の情報を頂いてるんですよ」って叔父さんが言ってて、そうそう〜！　って。その子の生い立ちとか歴史を含めた「情報交歓」なんだよね。叔父さんもあたり前にそんな話をしてて、これは血だなと思った（笑）。兄もネコが大好きで、奥さんに「ねえ〜、ネコは産めないの〜？」って言ってましたけど。どうやらもうすぐ人間の子が生まれてくるらしいので、よかった（笑）。

石　ネコをかわいがる人は、絶対に子どももかわいがるよ。

美　うん！　私もそう思う。

一緒にいる時間や家族で性格や関係性は変わる

美　ひとり暮らしを始めた最初の頃はネコ不在で、恋愛とか、うまくいかないことがたくさんあって、いろんな人に迷惑をかけてたと思うんだけど、30歳のときにサバ美と出逢って、本当に顔が変わったし、性格も明るくなったねって、親しい友人はみんなそう言う。

石　それは状況が変わったというよりは、美雨ちゃん自身が変わったってこと？

美　うん。やっぱり自分がいなきゃダメな存在ができることで、根本的な生きる動機がゴロッと変わったの。自分が作るものだとか恋愛だとか、そういうもので自分のアイデンティティを証明しなくちゃいけないと思い込んでると、それがなくなっちゃったら別に死んでもいいやってなりがちだと思うんだけど、ネコがいたら、そういうわけにはいかない。だから逆に言えば、自分が何を作るとか、自分自身を証明するものがいらなくなった。それでラクになれたかも。あと、ネコって日常の中ですごく楽しく生きているところを見せてくれる。そういう生命力の塊がすぐそばにいるというだけで、人間こんなにも変わるものなんだって。

石　すごいわかる。家族みたいな感じで、ずっと一緒に暮らしてると関係性もまた変わっていくよね。

美　そうそう、この4年間ずっとサバ美とふたりで暮らしてきたけど、結婚してオットが加わったことで、また関係が変わりつつあるかも。

石　インスタとか見てると、ダンナさんが撮ったサバ美は無邪気な感じだけど、美雨ちゃんが撮ったサバは母の目をしてる気がする。

美　それは私が懐の深いサバ美にずっと甘え

入籍祝いのイラスト

てきたから。オットはすごく父性が強い人だから、ふたりは親子みたいに思い合ってるのかも。この本にも書いたんだけど（P88）、オットと出逢ってからサバ美が急にネコに戻れるようになったんですよ。だから彼女にとってもよかったなって。

石　「魔女の宅急便」（※4）のキキみたいに、美雨ちゃんも大人になったってことじゃない？　今だから言うけど、正直、美雨ちゃんのサバ美のかわいがり方を見ていると心配になった時期もあったし（笑）。ダンナさんが加わったことで、いいバランスができたのかもね。

美　あいかわらず私はサバ美にベタベタなんだけど、それをまたやってるよ……って見守ってくれる第三の存在ができただけでも変わった。最近は「うちにネコがいるよごっこ」っていうのが流行ってて。帰ってきて、「あれれ？　うちに超絶かわいいネコがいるよ!?」って……。

石　何そのプレイ（笑）。美雨ちゃんとサバ美の歴史を語るうえでは、去年のダンナさんの登場は本当に大きかったけど、ネコ親戚（P77）もいいよね〜。見てて、すごくうらやましい。

美　そもそも「Cat's ISSUE」もネコ親戚から始まった。そこから亜矢子さんとの出逢いとか、いろんな輪が広がっていったし、最近はネコ親戚の間でも、それぞれパートナーができたり、子どもが生まれたり、どんどん人数が増えていってるの。

石　ホントに親戚だ（笑）。そうやってネコの輪がどんどん広がっていったら面白いね。

美　うん、それが理想だな。

２０１４年春
浅草「ギャラリー・エフ」にて

※1　石黒さんの夫・伊藤潤二さん著のネコ漫画。
※2　伊藤・石黒家の飼いネコたち。
※3　『モテキ』などで有名なマンガ家。
※4　１９８９年に公開されたスタジオジブリ制作のアニメーション映画。

石黒亜矢子　いしぐろ・あやこ
１９７３年生まれ。絵描き（主に妖怪）。京極夏彦氏の装画を手掛ける。著書に『おおきなねことちいさなねこ』（長崎出版）など。

浮気現場

最近ではツイッターで
「ウチの子を吸ってください!!」
という依頼も多く、かつてはTL上で「吸い祭」を
開催したことも(！)。サバ美には内緒
(でもないか……)の浮気現場を公開。

アントン

元スパイス兄弟のキッス。

育ての母ちゃんだよ〜♡と忍び寄る

うし

ゆーないと宅のうし。

「牛柄組鼻周り汚れ隊」

の隊長である

おはぎ

くみちゃん宅のおはぎ。
吸われ中に「無」になるのが
とても上手

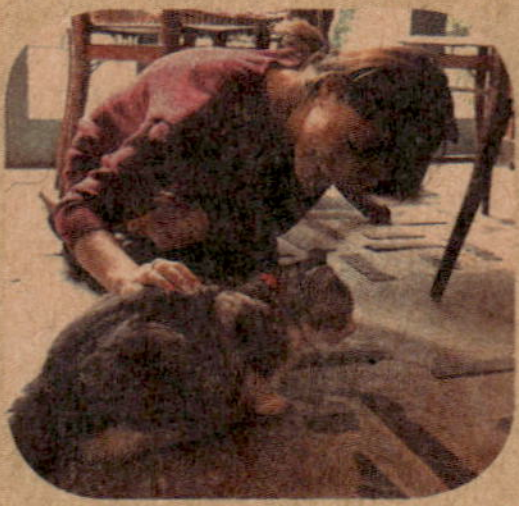

銀次親分

浅草「ギャラリー・エフ」

の伝説の看板ネコ、銀次親分。

サバ美と養子縁組を結んだお父さん

へんちゃん

イシイさんの、運命の初めての猫、へんちゃん

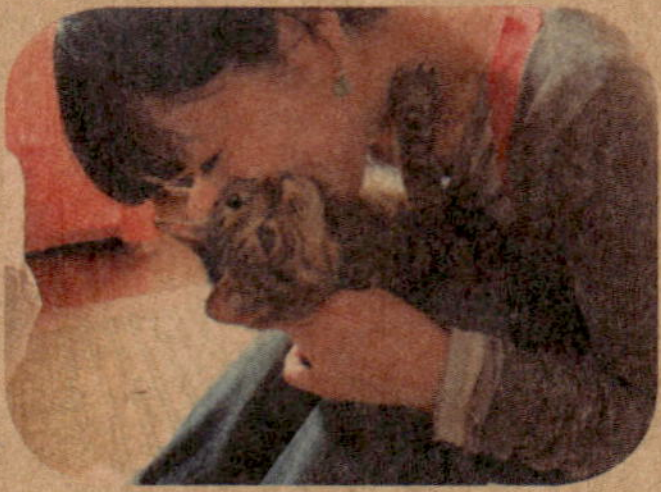

れんちゃん

銀次親分のしもべ・izumiさんと
15年一緒に暮らした、
妖精、れんちゃん

香川県9時ちゃん

島に住む、9時ちゃん。
番組で岩合光昭さんに「ネコ吸い」を披露

コムタン

めぐちゃん宅のコムタン。
白くてむっちりした餅である

小鉄

私の長年のボイストレーナー
KANNA先生と連れ添った小鉄先生。マイ師範

熱帯

イシイさん宅の熱帯。
ミグノン出身なので子ネコの頃から吸い済み

香川県猫島ロケ

岩合光昭さんとのTV番組
「世界ネコ歩き」のロケで
香川県のネコがたくさん住む島に
解き放たれた妖怪

ベスト・オブ・インスタグラム

インスタグラム（@miu_sakamoto）で毎日アップ！
2000枚を超える（2014年10月現在）
サバ美の（かわいすぎる）写真。
その中からよりすぐりをお届けします。

いつもの「ほら、撫でなさいよ」
ポジション

コレクションしているものは、
サバ美のヒゲとアクビ写真

ふと気づくと、こんな顔で
見上げている。女優めー！

もふもふボールやヒモを前に、
獣スイッチの入ったサバ美

得意の「ヨッ」ポジション

見返すと数少なかった、
熟睡写真

最初に家に来た日から、
基本ポジションが腹出し

どアップ。瞳の中に
自分が映っていることが嬉しい

濃密な吸いの時間にウットリ

オットが本を整理しているところに、
すかさずイン！

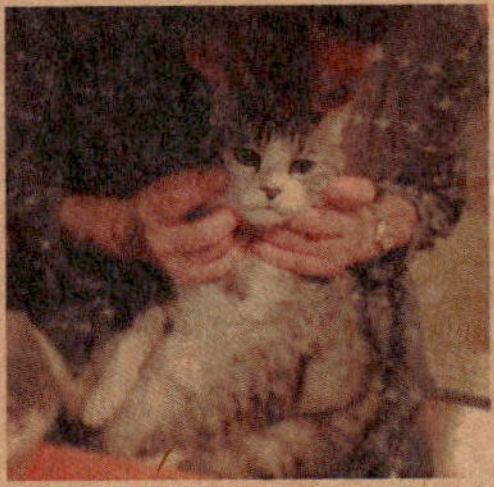

母がサバ美に会いに来てくれたとき、
ナチュラルに見せた吸いポジション

サバ美グッズ
いろいろ

公私混同、
職権乱用バンザイ！（笑）。
お仕事で作ったサバ美グッズたち。

ネイルアート

渋谷のネイルサロン
「DISCO」の金子渚さんが
魔法のように描いてくれるサバ美

PAUL & JOE SISTER
コラボ

Cat's ISSUE in ISETANのときに
発売したPAUL & JOE SISTERとのコラボ。
ソックスとTシャツを作りました。
ロマンティックサバ美

MOON ANIMAL
ぬいぐるみ

中に入っている杉チップにより
リラックス効果のあるぬいぐるみの
サバ美モデル

AQUADROPS
ネックレス

ネコ親戚で刺繍作家の
小菅くみちゃんとコラボしたネックレス

クッキー

クッキー作家の
SAC about cookiesに
お願いしたクッキー。
サバ美の「吸われる前」と
「吸われた後」の顔（笑）

ベストアルバム「miusic」関連いろいろ

2013年に発売したベストアルバム
「miusic」のジャケット&関連グッズ。
アルバムのアートディレクションは
森本千絵さん

PEACH JOHN コラボ

PEACH JOHNとサバ美の
チャリティコラボ。
パジャマと
おしりにサバ美♡のパンツ。
他に、バッグとTシャツも

ライブ Tシャツ

イラストは
渡部さとみさん

サバ美作品集

プライベートで作ってくれた、
友人のアーティストたちによるサバ美。

ウィスット・ポンニミット

タムくんことタイのマンガ家
ウィスット・ポンニミットくん
によるふたりのポートレート

CAHON

Cat' s ISSUE
POP-UP STORE
@ISETAN
にも出展された
CAHONさんの
手描きサバブローチ

nekolabo

nekolaboさんによる
フェルトのサバ。
ガラスの目が生きて
いるようでハッとする

小菅くみ

ネコ親戚で刺繍作家の
小菅くみちゃん作の
サバブローチ、ロゼット。
絵を描いてくれたシューズは
もったいなくて履けない！

のそ子

フェルト作家、のそ子さん作。
サバがついつい爪を立ててしまう

できやよい

できやよい画伯によるサバ美のポートレート。
サバ美の手元には私がいます

鈴木心

写真家・鈴木心さんによる
ポートレート。初めてちゃんと
撮ってもらったときのもの

香取徹

サバ美を表紙にした
ベストアルバムの中の
イラストを描いてくれた
香取さんからのギフト

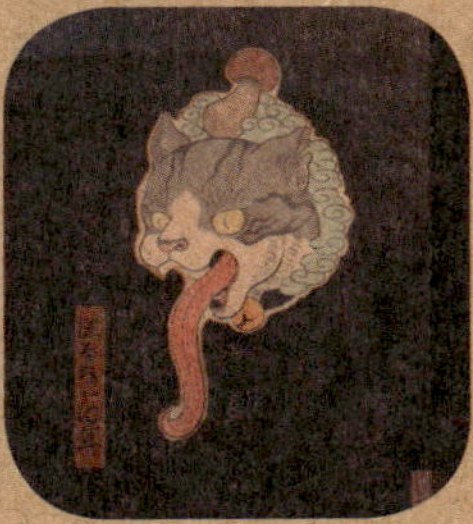

石黒亜矢子

「化け猫と幻獣」展の作品。
左の画は茸シリーズ。
なぜかサバはポルチーニ茸に。
右のうちわを顔に当てれば
誰でも化けサバに変身☆

ヒグチユウコ

画家・ヒグチユウコさんの
クロッキーブック。
石黒亜矢子家のネコたちと
共にサバも列に並んでいます

おわりに

ネコとの縁で出逢えたネコ親戚をはじめ大切な友人たち、ネコ吸い妖怪の伴侶となってくれた寛大な人、そしてこの本を辛抱強く作ってくださった方々に、心から感謝します。


この本を書き始めてから、忘れられない母との会話がありました。

「ね、私は初めっからネコが好きだったの？」

「うん、好きだったわよ」

2歳のときのネコ吸い。
モドキに本を読んであげていた。
この頃すでにネコ吸いでした

根っからのネコ好きだというお墨付きをもらった気がして、とても嬉しかった。ネコ吸いに育ててくれた親に、感謝します。

最初の出逢いとなったモドキ、アシュラ。一緒に育ったタビちゃん、マイケル、チーズ、ぷぅ。そして私の命、サバ美。みんな、愛を教えてくれました。ネコたちとの関係には、愛しかなくて、この愛から毎日いろんなことを教えてもらい、生きていく力を得ています。

本当に愛するってどういうことなんだろう。愛は、どこまでいけるんだろう。まだ知らないこともたくさんあります。でもそれはきっと、死や別れの悲しさよりも、強く大きく包み込んでくれる愛です。その愛は、想像以上の力と勇気をくれます。

この愛がもっともっと膨らんで、自分の腕がどんどん大きくたくましくなり、1匹でも多くのネコを抱き上げ、吸って、幸せにすることができますように。

ネコたちが今までくれた無償の愛に、少しでも恩返しできますように。

地球上のすべてのネコが、安心してぐっすり眠れますように。

ネコ吸い・坂本美雨
さかもと みう

1980年生まれ。大の愛猫家。

幼い頃からノラネコたちと触れ合いながら過ごし、7歳でタビと出逢う。

音楽家である両親(坂本龍一・矢野顕子)、兄、タビと共に渡米。

ニューヨークで10代を過ごす。その後、マイケル、チーズ、ぷぅが加わり、4匹に。

16歳の音楽家デビュー以降、2014年までに8枚のオリジナルアルバムをリリース。

初のベストアルバム「miusic ～The best of 1997－2012～」、
ニューアルバム「Waving Flags」が好評発売中。

音楽活動の傍ら、演劇、ナレーション、執筆活動も行う。

TOKYO FM系全国ネット「坂本美雨のディアフレンズ」のパーソナリティ。

サバ美とオットと3人暮らし。
●ツイッターは、@miusakamoto　●FACEBOOKは、＜坂本美雨＞で検索

ネコの吸い方

プロデュース・編集：石黒謙吾
デザイン：寄藤文平＋鈴木千佳子(文平銀座)
写真：池田晶紀(ゆかい)(P9～19、41～56)
イラスト：ゆーないと(東京糸井重里事務所)(P22、60、76、94、章扉)
　　　　石黒亜矢子(P38～39、P90～91、P106～108)
対談まとめ：井口啓子(Super!)
編集：小林祐子(レモンと実験室)
編集・制作：菊地朱雅子(幻冬舎)
制作：ブルー・オレンジ・スタジアム

2014年12月10日　第1刷発行
2014年12月25日　第3刷発行

著者：坂本美雨
発行者：見城徹
発行所：株式会社 幻冬舎
〒151-0051東京都渋谷区千駄ヶ谷4-9-7
電話：03(5411)6211(編集) 03(5411)6222(営業)
振替：00120-8-767643
印刷・製本所：中央精版印刷株式会社

ISBN978-4-344-02691-9 C0095
幻冬舎ホームページアドレス　http://www.gentosha.co.jp/